Schriftenreihe des
Österreichischen Wasserwirtschaftsverbandes
Heft 24

Amerikanischer Talsperrenbau

Von

Dipl.-Ing. Dr. **Josef Fritsch**
Wien

Mit 22 Textabbildungen

Springer-Verlag Wien GmbH
1952

Sonderabdruck aus
„Österreichische Wasserwirtschaft"
Heft 8/9, Jahrg. 4 (1952)

Alle Rechte, insbesondere das der Übersetzung
in fremde Sprachen, vorbehalten

Additional material to this book can be downloaded from http://extras.springer.com.

ISBN 978-3-211-80290-8   ISBN 978-3-7091-3991-2 (eBook)
DOI 10.1007/978-3-7091-3991-2

Inhaltsverzeichnis

Seite

I. Reisebericht 1
   Bureau of Reclamation 2
   Projekt Kalifornien 5
   Das Columbia-Becken-Projekt 5
   Baustelle Chief Joseph 7
   Baustelle Hungry Horse 15
   Die Baustelle McNary-Sperre 21
   Das Missouri-Becken-Projekt 23
   Die Baustelle Canyon Ferry 24

II. Nutzanwendung 28
   Sicherheit des Baustoffes Beton 28
   Aufbereitung der Zuschlagstoffe 30
   Bemessung der Bindemittel 32
   Die Verwendung von Puzzolanstoffen 34
   Die Konsistenz des Betons 36
   Betonaußenflächen 39
   Erzeugung künstlicher Luftporen 40
   Horizontale Arbeitsfugen 43
   Hydratationswärme 46
   Wetterbeständigkeit 47

III. Nachwort 48

I. Reisebericht[1]

Als größter Bauherr amerikanischer Talsperren tritt uns derzeit das Bureau of Reclamation des amerikanischen Innenministeriums entgegen. Seine technische Zentrale in Denver betreute im vergangenen Jahr zur gleichen Zeit ungefähr 80 Großbaustellen, darunter mehr als 20 Talsperrenbauten, und verausgabte dafür im Durchschnitt des letzten Jahres mehr als 1 Mio Dollar pro Arbeitstag. Das Ingenieurkorps der Armee, dessen betontechnische Zentrale in Jackson im Staate Mississippi liegt, ist als Bauherr von Talsperren kleiner, als Träger des Fortschrittes aber nicht weniger verdient.

Während die Großbaustellen selbst im allgemeinen nur ganz einfache Betonprüfanstalten besitzen, werden alle Forschungsarbeiten, aber auch die betontechnischen Entwicklungen für jede Baustelle in den genannten Zentralen Denver und Jackson geleistet. Von dort aus bereisen dann die Baustelleningenieure ihre Arbeitsgebiete in ganz Amerika; die Erfahrungen, die sie heimbringen, dienen den Zentralen als Grundlage für jede weitere Forschung und Weiterentwicklung der

---

[1] Die obigen Ausführungen stellen einen Auszug aus Vorträgen dar, die der Verfasser nach Rückkehr von seiner Studienreise in die USA hielt; er hatte dabei Gelegenheit gehabt, Institute und Baustellen der Organisationen kennenzulernen, die heute im amerikanischen Talsperrenbau führend sind.

Betontechnik sowie des ganzen Talsperrenbaues. Dieser Organisation verdankt die amerikanische Talsperrentechnik in erster Linie ihren hohen Stand und ihr unaufhaltsames Fortschreiten.

Bureau of Reclamation

Die Worte Bureau of Reclamation lassen sich nur schwer übersetzen. Es soll daher versucht werden, die Ziele dieses Institutes und seine Arbeitsweise kurz zu beschreiben:

Als die ersten weißen Siedler in den Westen der Vereinigten Staaten vordrangen, fanden sie dort ein unvorstellbar großes, weites Land mit offenen Prärien, sandigen Wüsten, graslosen Flächen und unwirtlichen Bergen vor. Die außerordentlich wechselnden Terrainoberflächen hatten ein charakteristisches und gemeinsames Merkmal, nämlich das trockene Klima. In den siebzehn Staaten, die das Bureau im Westen Amerikas betreut, ist der Niederschlag zu gering und zu unregelmäßig, um Getreide wachsen zu lassen. Die ersten Siedler lernten bald, daß die Erhaltung des pflanzlichen und schließlich des menschlichen Lebens nur mit Wasser erzwungen werden kann, das von den Strömen und Flüssen abgeleitet wird. Dabei mußte der von Natur aus sehr unregelmäßige Abflußvorgang durch Speicher ausgeglichen werden, um dem gleichbleibenden Bedarf des Lebens Rechnung zu tragen. Die Nutzbarmachung des Wassers stellte somit die Grundlage aller Entwicklung dar und ermöglichte erst die Erbauung von Städten, die Gründung von Industrien und die Erschließung der überreichen Naturschätze dieses Landes.

Solange die Bevölkerung auf sich selbst und ihre eigenen Mittel angewiesen war, entstanden nur primitive Wasserbauten; sie reichten aber bereits hin, um aus den Wüstengebieten von Kalifornien die in der ganzen Welt als Paradies berühmten Obst- und Gemüsegärten hervorzuzaubern.

Sollte aber eine weit umfassende, nutzbringende Auswertung aller natürlichen Gegebenheiten stattfinden, so durfte man sich nicht mehr auf die Eigenmittel der Siedler und ihre einfachen Bauwerke beschränken. Es war klar, daß nunmehr die Regierung eingreifen mußte, um mit Mitteln, wie sie nur das reiche und aufstrebende Amerika zur Verfügung hat, eine einheitliche Erschließung des ganzen Gebietes zu organisieren und alle Möglichkeiten auszunützen, die in diesem Lande so wie nirgends in der Welt durch die Einleitung von Wasser in einen überaus fruchtbaren Kulturboden gegeben sind. So kam es, daß im Westen Amerikas die größten Wasserbauwerke entstanden, die die Welt kennt und es ist mehr als ein stolzer Hinweis, wenn die Amerikaner daran erinnern, daß die Massen ihrer größten Sperre viermal so groß sind als die der größten ägyptischen Pyramide.

So wurde im Jahre 1902 die gesetzliche Grundlage, der „Reklamationsakt", geschaffen und 1948 das erste große Gesamtprogramm des Bureaus fertiggestellt. Es umfaßt den vollen, nach dem heutigen Stand der Technik erreichbaren Ausbau, also nicht nur die Errichtung moderner Stauanlagen und Bewässerungen, sondern gleichzeitig alle weiteren Nutzungen des Wassers, wie städtische Wasserversorgungsanlagen, Maßnahmen für Fischerei, Jagd und Erholung. Man scheute sich dabei nicht, Kanäle bis zu 800 km Länge vorzusehen und auch schon zu errichten, um selbst entlegenere Teile dieses so reichen Nährbodens zu erschließen.

Bis zum Jahre 1954 soll ein Gebiet von etwa 24 000 km², das ist mehr als die Fläche Niederösterreichs, neu bewässert werden, auf dem etwa 100 000 landwirtschaftliche Betriebe entstehen können.

Wegen ihrer ungünstigen Lage zum Fluß können aber weite Gebiete auch durch die umfassendsten Wasserbauten niemals einer solchen Nutzung zugeführt werden. Die Folge davon ist, daß der amerikanische Westen, der mit seinen 5,8 Mio km² mehr als die Hälfte des Flächeninhaltes der Vereinigten Staaten aufweist, nur etwa den fünften Teil der Bevölkerung ernähren und einen noch wesentlich geringeren Teil von Betrieben jeder Art erhalten kann.

Die durch die Wasserkraftanlagen erzeugte elektrische Energie soll in erster Linie wieder der Landwirtschaft des gleichen Gebietes zugute kommen. Man schafft vor allem großzügige Pumpanlagen, die ganze Täler mit hochgepumptem Wasser versorgen sollen und verkauft weiteren Strom, um mit dem Erlös den Landwirten die Kosten ihrer neuen Investitionen tragen zu helfen. So kommt es, daß das Bureau of Reclamation durch Verkauf von Strom nur etwa 75 % der Baukosten seiner Wasserkraftanlagen decken will, die übrige Stromerzeugung aber zur Unterstützung der Landwirtschaft verwendet.

Nicht uninteressant sind die Auswirkungen, die sich heute schon in bevölkerungspolitischer Beziehung ergeben. Die Geschichte lehrt, daß die Bevölkerung der Erde immer auf einer Wanderung nach den Gebieten begriffen ist, die bessere Lebensbedingungen versprechen. In den letzten zehn Jahren nahm die Bevölkerung der pazifischen Küstengebiete etwa zehnmal mehr zu als in den übrigen Teilen der USA. Ausschlaggebend hiefür ist der neu entstehende und märchenhaft anmutende Aufstieg des Westens, der den Auswanderern Ziel und Nährboden wie kein anderes Land der Erde bietet. Heute leben mehr als fünf Millionen Menschen unmittelbar von den Unternehmungen und Anlagen, die das Bureau of Reclamation geschaffen hat, und weitere zehn Millionen haben ihren indirekten Nutzen daran.

Projekt Kalifornien

Im Rahmen der erwähnten Gesamtprojektierung wurde eine Anzahl Einzelprojekte geschaffen, von denen jedes ein bestimmtes geschlossenes Gebiet behandelt und für sich ausführbar ist.

Das älteste und bekannteste dieser Projekte bezieht sich auf das reichste landwirtschaftliche Gebiet, auf die berühmten Obstgärten von Kalifornien. Dort wurden in der letzten Zeit Anlagen für die zusätzliche Bewässerung eines Gebietes von etwa 4000 km² fertiggestellt, in dem der größte jemals erschlossene Talboden mit einer Länge von 800 km liegt (Abb. 1).

Zu erwähnen ist in diesem Gebiete der sogenannte All-American-Kanal, der schon vor dem Kriege fertiggestellt wurde und Wasser aus dem Coloradofluß nach Kalifornien bringt, um dort 2000 km² Gemüseland zu schaffen, dessen Erträge zur Versorgung von ganz Amerika beitragen.

Im Gebiete des Coloradoflusses liegen die Anlagen der Hoover-Sperre und des Davis-Dammes, die gleichfalls zur Hebung der Landwirtschaft errichtet wurden und zu den höchsten Bauwerken Amerikas gehören.

Das Columbia-Becken-Projekt

Das Projekt ist gekennzeichnet durch das größte Betonbauwerk, das jemals in der Welt errichtet wurde, die Grand-Coulee-Sperre mit ihren Betonmassen von nahezu 8 Mio m³ und einer Kronenlänge von 1300 m. Lediglich in ihrer Stauhöhe von 165 m wird die Sperre von der Hoover-Anlage übertroffen. Es ist bezeichnend, daß die

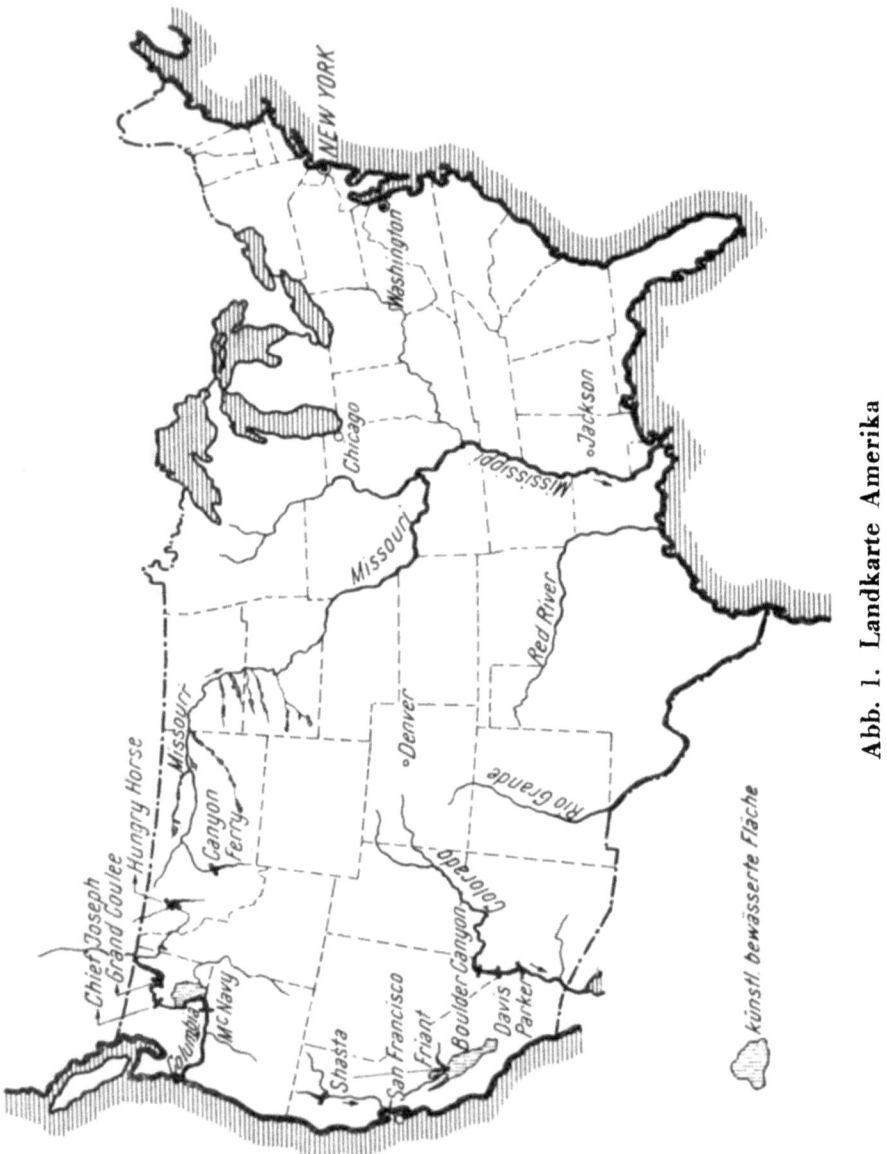

Abb. 1. Landkarte Amerika

Erbauer heute darauf hinweisen, sie wären leicht in der Lage gewesen, das Bauwerk noch höher zu gestalten, lediglich der Umstand, daß dann das

Staugebiet bis tief nach Kanada gereicht hätte, sprach schließlich gegen einen noch größeren Ausbau.

Spitzenleistungen hatte vor allem der Betonbetrieb während der Erbauung zu verzeichnen. Man förderte im Tag etwa 20 000 m^3 Sand und Kies und erreichte eine Höchstleistung von mehr als 16 000 m^3 Beton in 24 Stunden, eine Menge, die von den Amerikanern mit Stolz als Weltrekord hervorgehoben wird. Wie an allen neueren Großanlagen des Bureau of Reclamation wurden auch hier Kühlrohre eingebaut, die an der Grand-Coulee-Sperre eine Gesamtlänge von 3200 km erreichten und eine Wärmemenge abführten, die einem Heizwert von 30 000 t Steinkohle entspricht.

Der Größe des Projektes entspricht selbstredend auch die Bedeutung seines Nutzens. Die Erzeugung von elektrischem Strom erlaubte die Errichtung der größten Aluminiumwerke der Welt und ermöglichte die Herstellung der Atombomben, die zur Beendigung des Weltkrieges beitrugen. Die in zwei Krafthäusern untergebrachten achtzehn Generatoren erreichen eine Gesamtleistung von etwa 2 Mio kW und erzeugen heute täglich mehr als 22 Mio kWh.

Imposant sind die Bewässerungsanlagen, die aus dem Staubecken gespeist werden. So wurde in den letzten Jahren unmittelbar oberhalb der Sperrmauer eine Pumpstation errichtet, von der das hochgepumpte Wasser über einen 27 km langen Speicher zur Bewässerung weiter Flächen geführt wird. Die Gesamtlänge der Kanäle, die in diesem Gebiete zur Bewässerung errichtet wurden, beträgt 6 400 km.

Baustelle Chief Joseph

Am Columbiafluß, unmittelbar unterhalb der Grand-Coulee-Sperre, errichtet derzeit das Ingenieurkorps der Armee die Anlage Chief Joseph. Dementsprechend soll dieses Bauwerk in erster Linie der Verbesserung der Schiffahrtsverhältnisse und der Erzeugung von elektrischer Kraft dienen. Es wird sich um die zweitgrößte Wasserkraftanlage der Welt handeln, die in einem einzigen Krafthaus 27 Aggregate betreibt, von denen jedes eine Leistung von 64 000 kW aufweist.

Die 66 m hohe Schwergewichtsmauer wird eine Kubatur von 1,3 Mio m³ Beton erreichen. Einmalig sind Länge und Leistung der Wehranlage. Über die mit beweglichen Verschlüssen ausgestatteten Überläufe kann eine Wassermenge von 35 000 m³/s abgeleitet werden.

Kennzeichnend für die Bauausführung sind die **Zellenfangedämme**, deren Verwendung an Großbaustellen in Amerika heute allgemein üblich ist (Abb. 2).

Abb. 2. Baustelle Chief Joseph: Baugrube mit Fangedamm

Die Betonzuschlagstoffe und ihre Aufbereitung: Wie die meisten besichtigten Großbaustellen hat auch Chief Joseph die Möglichkeit, nur wenige Kilometer von der Baustelle entfernt, erstklassige und von der Natur gerundete Zuschlagstoffe im Trockenen zu baggern. Sie werden an Ort und Stelle aufbereitet und nach Korngruppen getrennt mit Großladegeräten der Betonfabrik zugefahren.

Die diesbezüglichen Vorschreibungen des Leistungsverzeichnisses, ebenso wie die Arbeitsmethoden und die maschinellen Einrichtungen, die in Amerika für diese Arbeiten entwickelt werden, weichen wesentlich von unseren Auffassungen ab und kennzeichnen die letzten Entwicklungen der heutigen Betontechnik in Amerika, sowie den hohen Stand der amerikanischen Baumaschinenindustrie. Sie zielen vor allem darauf ab, die Aufbereitung der Zuschläge, wie überhaupt alle Arbeitsvorgänge zur Herstellung des Betons mit einer Genauigkeit auszuführen, die bei uns heute noch unbekannt ist. Die Verschiebung des Schwergewichtes von der Handarbeit zur Maschinenarbeit entspricht auch der gegenüber europäischen Verhältnissen sehr hohen Bewertung der Bauarbeiterstunde, wie überhaupt der Handarbeit auf der Baustelle. Dabei erkannte man den Einfluß, den gerade die Beschaffenheit der Feinststoffe sowohl auf die Frischbetoneigenschaften als auch auf Undurchlässigkeit und Wetterbeständigkeit des erhärteten Betons ausübt, und ging daran, maschinelle Einrichtungen zur Trennung und Wiederzusammensetzung insbesondere auch für das Feinstkorn zu schaffen, die der Betontechnik neue Wege eröffnen; sie waren noch vor wenigen Jahren auf Baustellen unbekannt und wurden von der Erzindustrie übernommen. Die bei uns bisher gebräuchlichen Annahmen über den Gehalt an Feinkorn unter 0,2 mm genügen dem heutigen Stand der amerikanischen Betontechnik bei weitem nicht mehr. Die Amerikaner sind sich einerseits bewußt, daß gerade die erforderliche Umhüllung der feinsten Teile mit Zementbrei für den Bedarf an Bindemitteln ausschlaggebend ist und haben anderseits die Erfahrung gemacht, daß Feinstteile, die nicht absolut gesund sind und in ihrer Zahl nicht genau dem Bestwert der Siebkurve entsprechen, immer eine Verringerung der Wetterbeständigkeit mit sich bringen.

Ganz allgemein läßt sich die letzte Entwicklung der maschinellen Einrichtungen für Aufbereitung von Zuschlägen durch die Erfüllung der folgenden drei Forderungen kennzeichnen:

1. Unterteilung der Zuschläge in eine größere Anzahl von Fraktionen und Festlegung von genauen Grenzen in bezug auf Unter- und Überkorn.

2. Erstreckung dieser Forderung auf den allerfeinsten Bereich des Sandes.

3. Strengere, d. h. tatsächlich unnachgiebige Einstellung gegenüber den Bauunternehmungen in bezug auf die Einhaltung der Vorschriften.

Die Leistungsverzeichnisse der Großbaustellen fordern vom amerikanischen Unternehmer eine Aufbereitung des Sandes im Bereich zwischen Null und der amerikanischen Siebnummer 4 (die einer Maschenweite 4,76 mm entspricht) in sechs bis acht Fraktionen.

Zur Beurteilung von Wirkung und Genauigkeit dieser Sandtrennungen wird der Begriff „Trennkorngröße" ver-

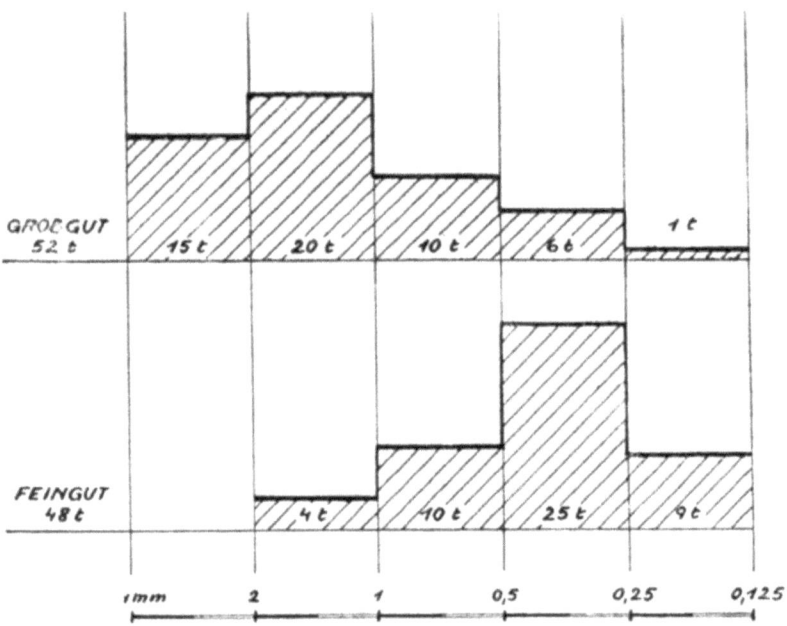

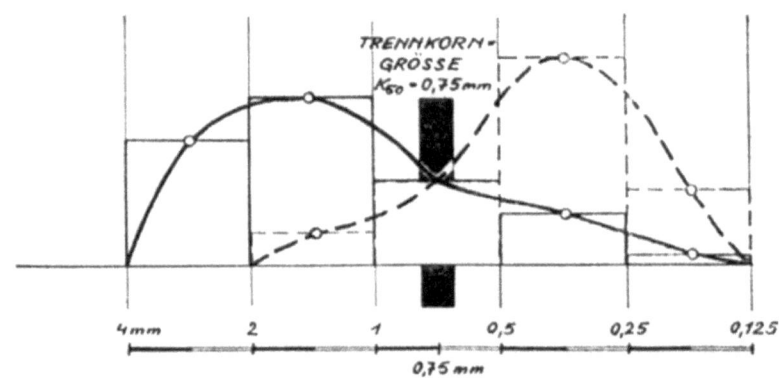

Abb. 3. Bestimmung der Trennkorngröße, Beispiel: Aufteilung von 100 t Rohsand in zwei Gruppen. Der Schnittpunkt der beiden Sieblinien gibt die Trennkorngröße an

wendet, der in Abb. 3 erläutert ist. Auf amerikanischen Baustellen haben sich Dorrco-Ausscheider eingeführt, die nach dem System Fahrenwald arbeiten. Dabei gelangt jede Korngruppe mit einer reichlichen Wassermenge in einem Spülstrom zum Überlauf und kann je nach Einstellung des Gerätes zu einem bestimmten Prozentsatz oder gänzlich weggeschüttet oder aber der Verwertung zugeführt werden. Die Wiedermischung der zur Betonaufbereitung bestimmten Sandmengen jeder Fraktion erfolgt noch innerhalb der Anlage. Wie Abb. 4 zeigt, weisen jedoch die ein-

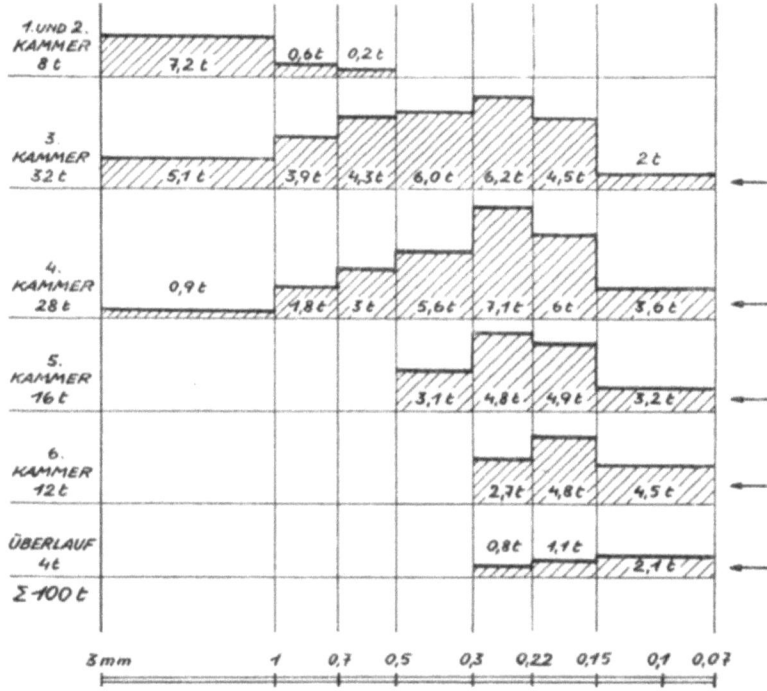

Abb. 4. Fahrenwald-Trenner, Beispiel: Trennschärfen bei Aufteilung von 100 t Material der Dichte 2,65 in 6 Kammern („Handbook of Mineral Dressing" by A. F. Taggart)

zelnen Gruppen zunächst eine außerordentlich geringe Trennschärfe auf. Erst ihre Vereinigung in nur zwei Gruppen (Abb. 5) bringt brauchbare Ergebnisse. Um die Leistungsfähigkeit dieser Einrichtungen nicht zu groß annehmen zu müssen, wird an den Baustellen nur ein Teil des Sandes einer derartigen Aufbereitung unterworfen, der Rest aber völlig naturbelassen zugegeben. Ist das Naturgemenge in seiner Zusammensetzung nur einigermaßen richtig aufgebaut, so genügt es mitunter, nur etwa die Hälfte des gesamten Sandes durch die Dorr-Anlage zu führen. Voraussetzung dafür ist aber die ständige Überprüfung der

Zusammensetzung des so gemischten Sandes im Laboratorium. Die Entnahme der Proben erfolgt nicht auf der Halde, sondern stets auf dem Förderband selbst (Abb. 6). An der Baustelle Chief Joseph, von der diese Bilder stammen, befinden sich innerhalb der Aufbereitungsanlage zwei Prüfstellen, an denen in kurzer Aufeinanderfolge Sandproben

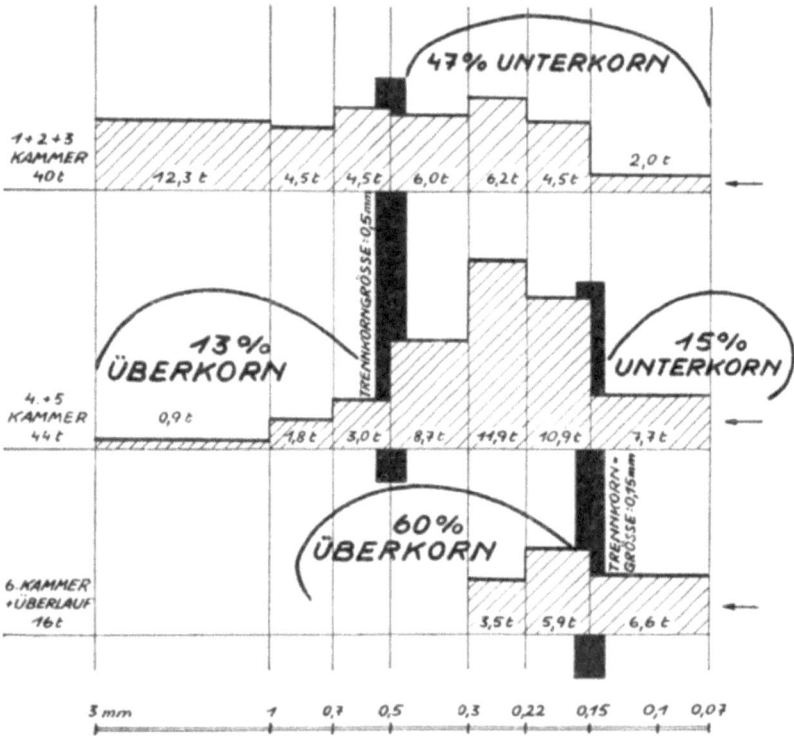

Abb. 5. Fahrenwald-Trenner, Trennschärfe bei Zusammenfassung mehrerer Gruppen

in Heißluft getrocknet und in automatischen Siebmaschinen getrennt werden. Auf Grund der Ergebnisse erfolgt dann laufend einerseits die Neueinstellung der Dorr-Anlage und anderseits die Festlegung des Mischungsverhältnisses zwischen gesiebtem und naturbelassenem Sand.

Diese Einrichtungen sind in der Lage, die Vorschriften der amerikanischen Ausschreibungen zu erfüllen und ein Gemenge zu liefern, das die vorgesehene Sand-Siebkurve in allen acht Fraktionen mit einer Genauigkeit von ±2 bis ±4% erreicht. Derart exakte Vorschreibungen können aber den erwarteten Erfolg erst dann wirklich brin-

Abb. 6. Baustelle Chief Joseph, Entnahme von Sandproben

Abb. 7. Baustelle Chief Joseph, Grobkieshalde

gen, wenn eine entsprechend strenge Überwachung der Aufbereitungsanlagen gewährleistet wird, zumal an diesen zahlreiche Fehlerquellen auftreten können. Beispielsweise besteht die Gefahr, daß gröberes Material von der Halde (Abb. 7) auf das Laufband rollt.

Abb. 8. Baustelle Hungry Horse: Nochmalige Aufbereitung

Zur Einhaltung der vorgeschriebenen Genauigkeit verlangt das Bureau of Reclamation eine Wiederholung der ganzen Aufbereitung unmittelbar vor der Betonfabrik, wobei selbstredend jetzt nur außerordentlich kleine Halden angelegt werden, welche die Gefahr jeder unerwünschten Mischung von Korngruppen ausschließen (Abb. 8).

Baustelle Hungry Horse

Am Flathead-River im Gebiete des Columbiaflusses errichtet das Bureau of Reclamation derzeit als seine 195. Sperre die Bogenmauer Hungry Horse, die mit einer Betonmasse von 2,2 Mio m³ die drittgrößte Betonsperre der Welt darstellen und mit einer Höhe von 172 m sogar die Grand-Coulee-Sperre übertreffen wird. Der Stausee wird mehr als 54 km lang sein und fordert die Rodung einer Waldfläche von etwa 100 km². Hauptzweck der Aufspeicherung des Flußwassers ist seine Nutzung zur Bewässerung von etwa 170 km² Kulturland bei gleichzeitigem Betrieb eines Krafthauses mit einer Leistung von 285 000 kW.

Verarbeitung des Betons: Die ersten Vorarbeiten wurden an Ort und Stelle im Jahre 1945 begonnen, der Bauauftrag im Jahre 1948 an eine Arbeitsgemeinschaft von nicht weniger als zwölf Bauunternehmungen erteilt. Die berechnete Bauzeit von $5^1/_2$ Jahren wird jedoch voraussichtlich unterboten. Bei der Besichtigung im Herbst 1951 waren von der genannten Betonmasse bereits 78 % eingebracht (Abb. 9).

An der Baustelle steht eine Johnson-Anlage in Betrieb, die mit fünf Mischmaschinen je 4 cu.yd., d. s. ca. 3 m³ Inhalt, eine größte Leistungsfähigkeit von etwa 300 m³ Beton in der Stunde erreicht.

Es ist auffallend, daß die Verarbeitbarkeit des Betons an den verschiedensten amerikanischen Baustellen außerordentlich gut übereinstimmt, wenngleich zur Messung der Konsistenz einheitlich nur das amerikanische „slump"-Maß herangezogen wird, eine Meßmethode, deren Ergebnisse nicht der Rüttelwilligkeit entsprechen, sondern nur rohe Näherungswerte ergeben[2]. Die gleichmäßige Beschaf-

---

[2] Es handelt sich im wesentlichen um den ersten der beiden Arbeitsvorgänge des bei uns gebräuchlichen Ausbreitversuches auf dem genormten Ausbreittisch; der amerikanische „slump"-Versuch wird jedoch auf einer festen Unterlage ausgeführt.

Abb. 9. Baustelle Hungry Horse, Bauzustand Oktober 1951

fenheit des Betons wird vielmehr durch die erwähnten, überaus exakt arbeitenden maschinellen Einrichtungen der Aufbereitungsanlage wie der Betonfabrik gewährleistet. Maßgebend für die zu fordernde Verarbeitbarkeit der frischen Mischung ist letzten Endes immer nur die Beurteilung an der Einbaustelle selbst. Man fordert einerseits, daß der Beton, wie er aus dem Transportkübel des Kabelkranes geschüttet wird (Abb. 10) nicht zerfließt; das Schüttgut muß vielmehr einen Böschungswinkel bilden, wie er in Abb. 11 dargestellt ist. Anderseits muß er aber rüttelwillig genug sein, um sich unter dem Einfluß der schweren, zweimännischen Rüttler sofort in eine zähflüssige Masse zu verwandeln und in die ihm vorbereiteten Räume zu fließen.

Am lose geschütteten Haufen (Abb. 11) erkennt man einen feuchteren Glanz als wir ihn an unseren Baustellen

Abb. 10. Schütten des Betons aus dem 6-cu.-yd.-Kübel

gewohnt sind. Die einzelnen Steine, u. zw. insbesondere auch die größeren, sind einwandfrei mit Schlempe umhüllt, ein Umstand, der nicht zuletzt auf die reichliche Mitverwendung von Puzzolanstoffen zurückzuführen ist. Erstaunlich ist dabei der große Wirkungsbereich, den die schweren, amerikanischen „Jackson"-Tauchrüttler bei dieser Konsistenz erreichen. Der Arbeitsvorgang ist das, was wir als „Durchziehen" bezeichnen, d. h. das Gerät wird nicht aus dem Beton herausgezogen, sondern in schräger Lage im Beton weiterbewegt (Abb. 12). Dies setzt allerdings eine besonders starke Verflüssigung des Betons in nächster Nähe

Abb. 11. Der frisch geschüttete Beton

Abb. 12. Das Durchziehen der Rüttler durch den Beton

Abb. 13. Schichtenweises Einbringen und Rütteln des Betons. Im Vordergrund die eingebürstete Mörtelschichte

Abb. 14. Einbürsten des Mörtels in die alte Betonoberfläche

des Rüttlers voraus. Ecken und schwer zugängliche Stellen werden mit einem zusätzlichen, dünneren Rüttler besonders bearbeitet, der auf Abb. 14. rechts, zu sehen ist. Es ist klar, daß für einen solchen Vorgang eine verhältnismäßig geringe Anzahl von Arbeitskräften erforderlich ist. Eine

Partie, bestehend aus etwa sieben Mann, die zwei starke und einen schwachen Rüttler bedient, verdichtet in der Stunde eine Betonmenge bis zu 140 m³, ohne daß zusätzliche Kräfte für die Verteilung des Betons erforderlich wären.

Das Wort „verdichten" entspricht hier jedoch nicht dem bei uns gebräuchlichen Sinn und zeigt den wesentlichen

Abb. 15. Baustelle Hungry Horse: Fällen von Bäumen mit Kugeln

Unterschied gegenüber unseren Arbeitsverfahren. Die Amerikaner erachten den Rüttel- und Verdichtungsvorgang als hinreichend und als beendet, wenn der Beton unter dem Einfluß dieser kräftigen Rüttler in die ihm zugedachten Räume fließt. Es wäre aber falsch, diesen Vorgang mit dem ähnlich aussehenden zu vergleichen, wie er etwa beim Stochern von Mischungen im Stahlbetonbau vor sich geht. Zieht der Amerikaner seinen Rüttler aus dem Beton heraus, so ist dieser viel zu fest, um sich irgendwie fortbewegen zu lassen. Die Fließfähigkeit — und dieser Umstand ist wesentlich — besteht also nur unter dem Einfluß der

Rüttler. Man hat dabei selbst bei längerem Zusehen nicht den Eindruck, daß jeder einzelne Punkt in der Masse des Betons von der Rüttelwirkung wirklich so erfaßt wird wie bei uns. Es genügt dem Amerikaner vielmehr, wenn die ganze Betonmasse unter dem Einfluß der Rüttler zum Fließen gebracht wird.

Dabei beachtet man sehr genau den **Wirkungsbereich** der Rüttler, der sich mehr noch als bei uns nach den Seiten erstreckt, und verwendet aus diesem Grunde sehr geringe Schichthöhen (Abb. 13 u. 14).

Rodungsarbeiten: Im Staugebiet von Hungry Horse bot sich Gelegenheit, das Fällen von Bäumen mit Hilfe einer schweren Kugel zu beobachten, die von besonders kräftig gebauten Traktoren gezogen wird (Abb. 15).

Die Baustelle McNary-Sperre

Nur etwa 460 km oberhalb der Mündung des Columbiaflusses begann das Ingenieurkorps der Armee im Jahre 1948 mit der Errichtung der McNary-Sperre, die ebenso wie Chief Joseph in erster Linie der Krafterzeugung und der Verbesserung der Schiffahrtsverhältnisse dienen wird (Abb. 16).

Es handelt sich um ein Flußstauwerk mit einer Gesamtlänge von 2,2 km, von der die Wehranlage allein einen Bereich von 900 m einnimmt. Kennzeichnend für amerikanische Auffassung ist die Anlage von nur einer Schiffahrtsschleuse, die allerdings mit einer Stauhöhe von 28 m die höchste, bis jetzt ausgeführte einstufige Anlage darstellen wird.

Interessant sind die **Fischleitern**, wie sie die Welt noch nie mit solchem Aufwand gesehen hat. Allerdings dürfte kaum an einer anderen Stelle ein so wertvolles und gepflegtes Lachsfischwasser zu finden sein. Jede Leiter weist bei einem Gefälle 1:20 eine Breite von ca. 10 m auf (Abb. 17). Einer der beiden Aufstiege beginnt im Unterwasser der Turbinen, um die Anlockung der Fische durch den Turbinenauslauf auszunützen. Für Zuschauer sind Besichtigungsgänge vorgesehen, die verdunkelt werden, um die Fische nicht durch den Anblick der Besucher zu stören.

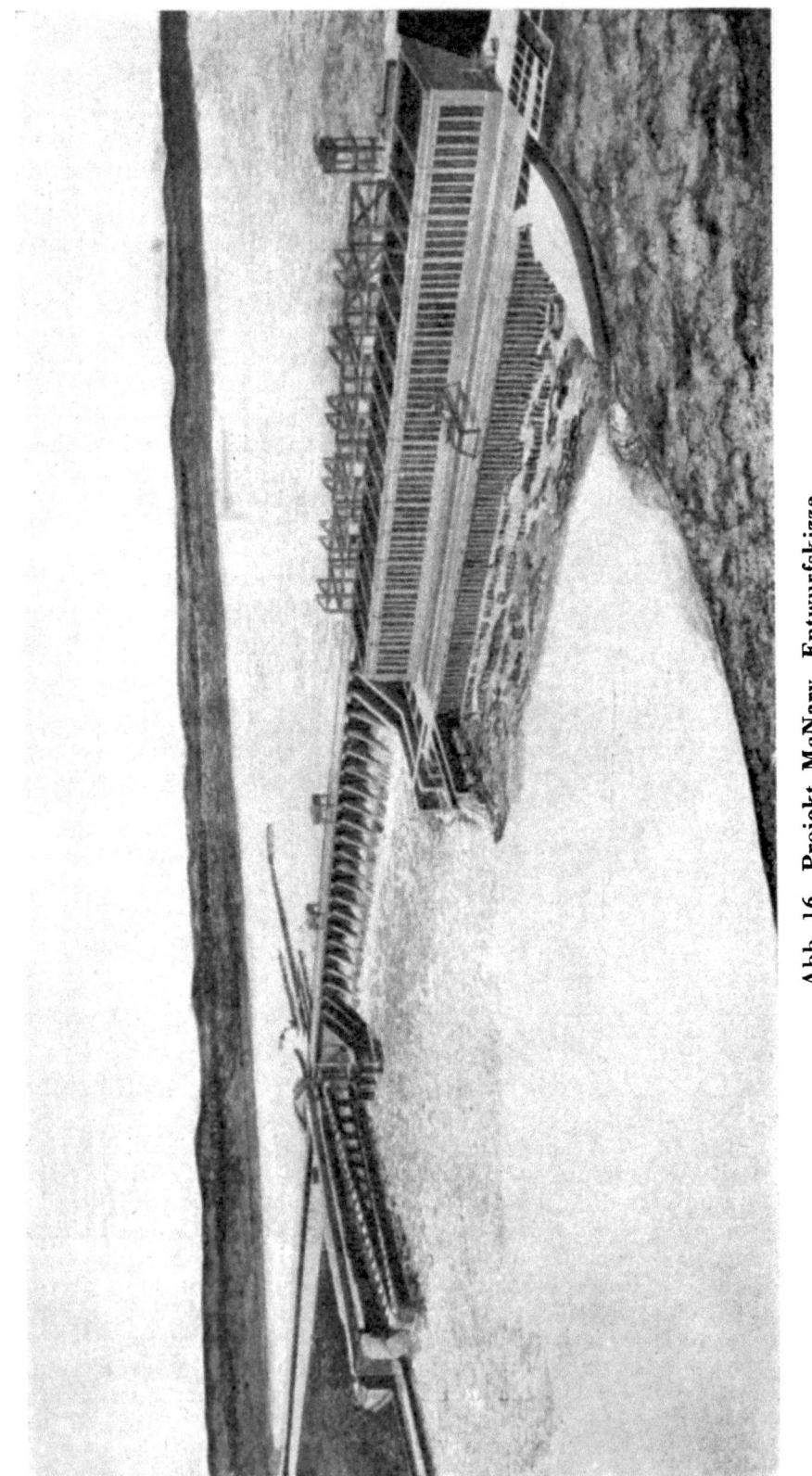

Abb. 16. Projekt McNary, Entwurfskizze

Abb. 17. Baustelle McNary, Fischleiter

Darüber hinaus ist eine Fischschleuse geplant, die zur Zeit des großen Fischaufstieges betätigt wird.

In der Schleusenkammer sind Flutöffnungen angeordnet, um eine Beruhigung des eintretenden Wassers und damit eine größere Leistungsfähigkeit der Schleusenanlage zu erreichen.

Das Missouri-Becken-Projekt

Das Gebiet des Missouri, das bekanntlich das längste Flußsystem der Welt darstellt, weist nicht mehr die ungeheuren Wüstenflächen auf, wie wir sie im Westen des Landes antreffen, darf aber immerhin noch lange nicht mit europäischen Begriffen und Verhältnissen verglichen werden. Auch dieses Land ist oft nur in der Talsohle fruchtbar, wo der Strom und seine Nebenflüsse einen grünen Talboden schufen. Wo aber der Einfluß der natürlichen oder künstlichen Bewässerung aufhört, schließt sich vielfach unmittelbar mehr oder weniger wüstenartiges Gebiet an.

Wir wissen heute, daß bereits die Indianer ihre Siedlungen nach dem Lauf des Missouri richteten; sie waren den Spuren des Wildes gefolgt, dem die Vegetation des Flußbeckens Nahrung bot und wiesen so den ersten Expeditionen der weißen Einwanderer den Weg, die dann zu Anfang des 19. Jahrhunderts in dieses Tal kamen und dort Spuren von Gold entdeckten. Erst um die Mitte des vorigen Jahrhunderts begann man dann systematisch nach diesem Gold zu suchen und errichtete im Zuge dieser Arbeiten die ersten Wasserbauten zur Kultivierung des Landes.

Mit Rücksicht auf die ungeheuren Überschwemmungen, die der Fluß immer wieder anrichtet, entschloß sich 1945 das Bureau of Reclamation, im Canyon Ferry, nur 80 km unterhalb des Missouri-Ursprunges, eines der größten Staubecken zu schaffen, die es auf der Welt geben wird, um damit in gleicher Weise der Bewässerung des Kulturlandes als auch dem Schutz vor Überschwemmungen Rechnung zu tragen.

Das ganze Missouri-Becken-Projekt des Bureau of Reclamation umfaßt mehr als 100 Talsperren und darüber hinaus Kanäle mit einer Gesamtlänge von über 1600 km. In volkswirtschaftlicher Beziehung kommt seine Verwirklichung der Schaffung eines vollständig neuen Staates innerhalb der USA gleich und gewinnt mit seinen Bewässerungsanlagen den Nährboden für mehr als 750 000 Menschen.

Die Baustelle Canyon Ferry

Das Bauwerk Canyon Ferry wird eine Schwergewichtsmauer mit 340 000 m³ Beton umfassen, deren Querschnitt an den großen Vorgänger, nämlich die Sperre Grand-Coulee erinnert. Die Zeichnung (Abb. 18) zeigt, daß man dem Krafthaus zum Unterschied von Grand-Coulee eine von der Talsperre unabhängige Fundierung gab.

Die Wasserführung des Missouri ist durch ungewöhnlich starke Schwankungen gekennzeichnet und bewegt sich zwischen 8 und 950 m³/s. Dementsprechend ist das Bauwerk mit Abflußöffnungen ausgestattet, die eine weite Absenkung des Wasserspeichers erlauben (Abb. 19). Trennwände sollen das Unterwasser der Turbinen vor dem Schwall des aus den Rohren strömenden Wassers schützen.

Die Größe des Stausees gibt ein Maß für die Ausbauwürdigkeit der Sperre. Auf 1 m³ verbauten

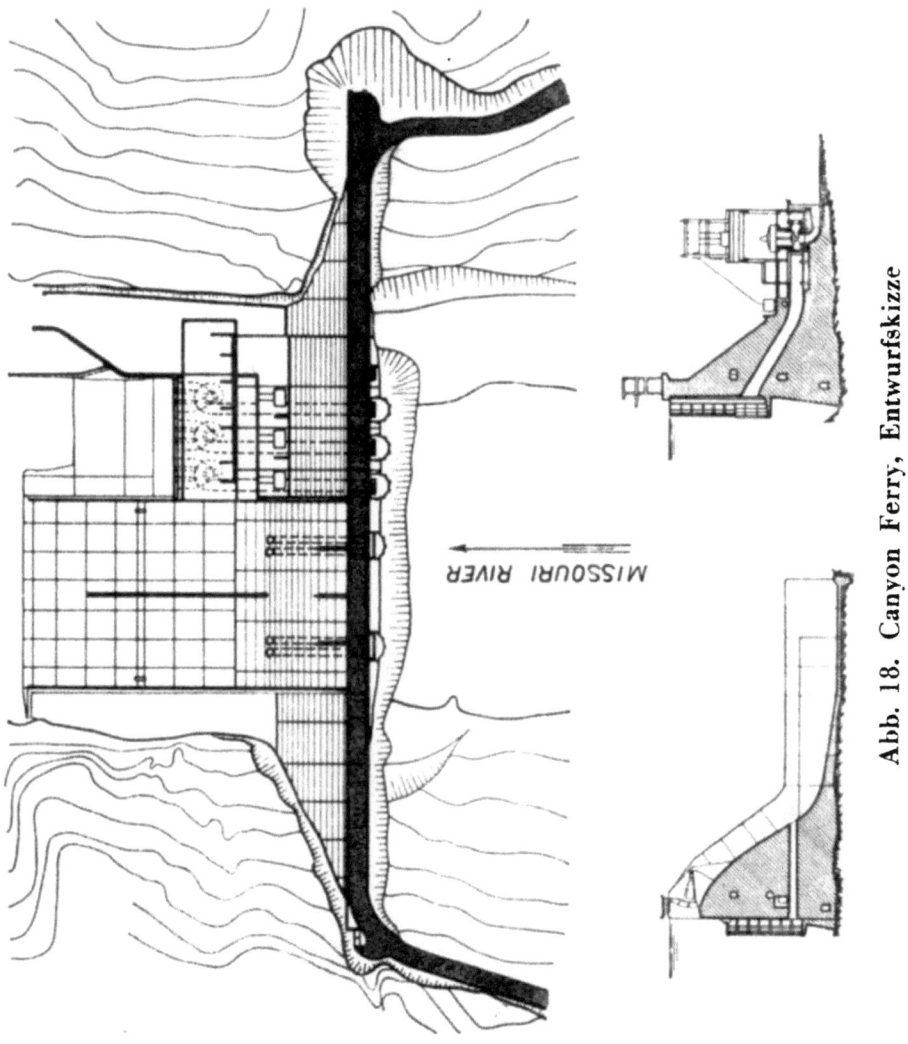

Abb. 18. Canyon Ferry, Entwurfskizze

Beton entfällt eine Rückstaumenge von 6150 m³, während der Stausee selbst eine Länge von 38,5 km aufweisen wird.

Abb. 19. Baustelle Canyon Ferry: Bauzustand Oktober 1951

Betonkühlung: Abb. 20 zeigt die für unsere Begriffe außerordentlich großen Flächen, deren Betonierung in einem Zug ausgeführt wird, um das Abkühlen jeder Betonschichte vor dem Aufbringen des nächsten Betons zu begünstigen.

Die Amerikaner wenden grundsätzlich auf jeder Groß-

Abb. 20. Canyon Ferry, Einbaustelle

baustelle eine der radikalen Methoden zur Herabminderung der Hydratationswärme an. Während das Ingenieurkorps der Armee beispielsweise an der Baustelle Chief Joseph Einrichtungen getroffen hat, um die gesamten Zuschlagstoffe in der warmen Jahreszeit vor der Betonbereitung zu unterkühlen und den größten Teil des Anmachwassers in Form von zerkleinertem Eis zuzusetzen, wird an den Großbaustellen des Bureau of Reclamation in den Beton ein Rohrsystem eingebaut, dessen Kühlwasser einen großen Teil der entstehenden Abbindewärme abführt. Dieses Verfahren hat den besonderen Vorteil, daß der in den ersten Wochen nach dem Einbringen des Betons erforderliche Kühlbetrieb den tatsächlich auftretenden Temperaturverhältnissen, vor allem auch der Witterung, laufend angepaßt werden kann. Anderseits vermeidet das Ingenieurkorps durch Vorkühlung der Zuschlagstoffe die Bildung eines Temperaturgefälles, das bei Rohrkühlung zwischen den einzelnen Schichten auftritt. Die Kühlung der Zuschlagstoffe behindert weiters den Arbeitsvorgang an der Einbaustelle in keiner Weise, der überdies durch das Verlegen der Rohre stets eine Verzögerung erfährt.

Dazu kommt, daß die Oberfläche des Betons beim Verlegen der Rohre betreten werden muß und dabei stark verschmutzt. Man unterläßt daher vor dem Verlegen der Rohre das übliche Aufrauhen der Betonoberfläche mit dem Wasserluftgemenge und muß diese Arbeit zu einem späteren Zeitpunkt unter Verwendung des Sandstrahlgebläses durchführen, um der fortschreitenden Erhärtung des Betons Rechnung zu tragen.

II. Nutzanwendung

Es soll nun versucht werden, die Unterschiede zwischen unserer heimischen und der amerikanischen Massenbetontechnik kurz zu kennzeichnen und die Punkte hervorzuheben, aus denen wir einen Nutzen für unsere Arbeiten ableiten können.

Sicherheit des Baustoffes Beton

Als erstes soll das Problem besprochen werden, das als wichtigster Träger des in den letzten Jahren in Amerika erzielten Fortschrittes gelten kann. Es ist die Wandlung des Begriffes „Sicherheit" und sein Einfluß auf die Dosierung mit Bindemitteln. Es soll hier zunächst die Entwicklung dieser Forderung bei uns und in Amerika kurz skizziert werden.

Wenn auch jeder Fortschritt in der Betontechnik seit Jahren Hand in Hand mit einer weitestgehenden Aufbereitung der Zuschlagstoffe einhergeht, so ist doch die Entwicklung der Arbeitsweisen in den letzten Jahren durch einen Kampf gekennzeichnet, der sich an allen Baustellen immer wieder abspielt: seit Veröffentlichung der ersten Sieblinien von Fuller und Graf fordert einerseits jede Bauherrschaft eine immer weiter getriebene Aufbereitung, auf der anderen Seite aber weisen unsere Bauunternehmer nur allzu oft darauf hin, daß der für die Baustelle in Frage kommende Sand von Natur aus die richtige Kornzusammensetzung, wenn schon nicht genau, so doch näherungsweise aufweist und daher seine Trennung und Wiederzusammenmischung eine völlig unnötige Mehrarbeit und Ausgabe darstellen. An amerikanischen Großbaustellen wird es allerdings zu derartigen Zumutungen nicht kommen; kein Unternehmer wird auch nur versuchen, die Verwendung des Materials im Naturzustand anzubieten.

Sinnfällig wird die Unsicherheit unserer heutigen Bauweise durch jene Vorschriften gekennzeichnet, mit denen wir in unseren Leistungsverzeichnissen eine Gewähr für die Erreichung einer bestimmten Betonqualität anstreben. Darin erfolgt die Kennzeichnung des Korngemenges gewöhnlich nach dem gewichtsmäßigen Anteil einer bestimmten Anzahl von Kornfraktionen. Ihre Zahl ist jedoch im allgemeinen zu gering, um Streuungen im Kornaufbau auszuschließen, die sich auf die Betonqualität nachteilig auswirken. Dazu kommt, daß unsere Vorstellungen in bezug auf Trennschärfe unklar sind; man denke nur an die Fragen von Unterkorn und Überkorn, auf die in unseren Leistungsverzeichnissen meist überhaupt nicht eingegangen wird.

Aufbereitung der Zuschlagstoffe

Bei uns in Österreich war die Qualität des Betons bisher durch seine Ungleichmäßigkeit und damit in erster Linie durch die Streuung in der Zusammensetzung der Zuschlagstoffe begrenzt, die zusammen mit der bisher allgemein gebräuchlichen Bewertung des Betons nach Maßgabe seiner Druckfestigkeit zu Unsicherheiten führte, denen man durch erhöhte Dosierung Rechnung tragen wollte. Die Ergebnisse waren einerseits ein unnötig hoher Aufwand an Bindemitteln, anderseits aber keinerlei Gewähr für die Erreichung der erforderlichen Festbetoneigenschaften, insbesondere Frostsicherheit.

Die Amerikaner zeigen uns maschinelle Einrichtungen, welche die bei uns gebräuchlichen Streuungen nicht bloß vermindern, sondern vollständig ausschalten. Der Erfolg ist ein neuer Begriff von Sicherheit, die aber jetzt nicht durch erhöhte Zement- und Wassermengen, sondern durch exaktere Arbeit erzielt wird.

Der Gedanke, die Erreichung der unerläßlichen Sicherheit durch Erhöhung des Bindemittelgehaltes zu garantieren, ist aber auch in wirtschaftlicher Beziehung abwegig. Die Erfahrung lehrt, daß die heute im Vordergrund stehenden Maßnahmen zur Verbesserung des Korngemenges schon durch die Einsparungen an Bindemitteln mehr als gedeckt werden, die an einer einzigen Baustelle erzielt werden können.

Ein Fortschritt in dieser Richtung kann bei uns auf Baustellen nur dann praktisch verwirklicht werden, wenn bei Aufbereitung und Mischung des Materials die Fehlergrenzen, d. s. Über- und Unterkorn besondere Beachtung finden und eine bei uns bis heute unbekannte Konsequenz und Unnachgiebigkeit für ihre Einhaltung sorgt. Die amerikanischen Vorschriften schreiben Bereiche und Fehlergrenzen so vor, daß das Material jeder Fraktion praktisch völlig streuungsfrei zur Verarbeitung in die Betonfabrik gelangt. Wie schon

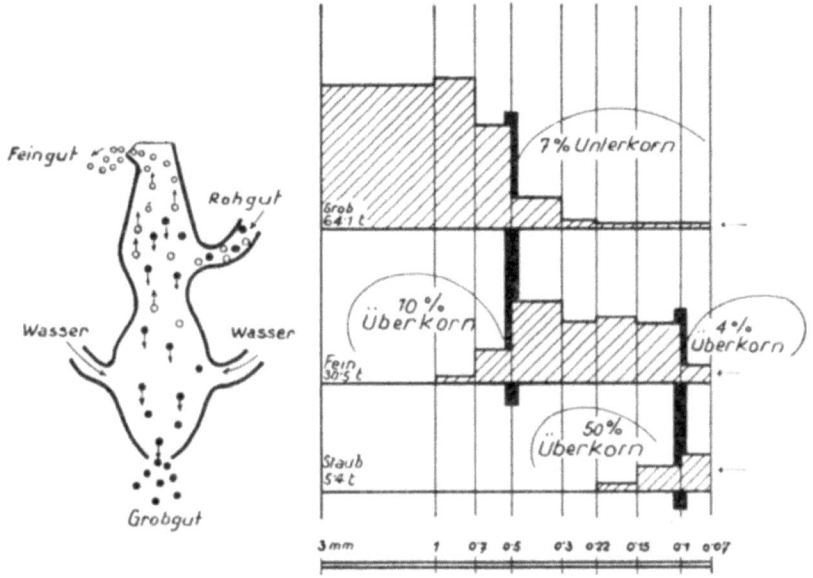

Abb. 21. Kamig-Vertikalschlämmung

erwähnt, scheut das Bureau of Reclamation dabei nicht den Mehraufwand einer zweimaligen Siebung und Aufbereitung des gesamten Zuschlagstoffes.

Einen wesentlichen und für uns neuen Punkt bildet die Erstreckung der Vorschriften auf den feinsten Bereich der Zuschlagstoffe.

Inzwischen hat die Tauernkraftwerke A. G. für die Errichtung der Oberstufe Kaprun die Unterteilung des Sandes in drei Korngruppen nach dem in Österreich entwickelten Verfahren der Kamig A. G. in Auftrag gegeben. Wie die Abb. 21 erkennen läßt, kann man bei dieser Klassierung eine höhere Trennschärfe erreichen als nach dem in Amerika üblichen Fahrenwald-Prinzip. Die schematische Skizze zeigt das Wesen der Gegenstromspülung; das Rohgut wird an einer höheren Stelle eingeführt als das Wasser, so daß im mittleren Teil des Gerätes eine Aufwärtsbewegung des Wassers mit einer nach oben zunehmenden Geschwindigkeit stattfindet, durch welche die größeren, schwereren Körner absinken. Es ist klar, daß mit einem derartigen Arbeitsvorgang eine wesentlich schärfere Trennung erreicht werden kann als bei einfacher Schlämmung.

Der Vergleich der amerikanischen Einrichtungen und Auffassungen mit unseren Verhältnissen über Aufbereitung von Zuschlagstoffen führt zu Forderungen, die mit den in Österreich vorhandenen Einrichtungen und Mitteln durchaus erreicht werden können und in entsprechenden Bestimmungen in unseren Leistungsverzeichnissen festzulegen wären:

a) Größere Siebflächen und, soweit gewaschen wird, größere Wassermengen.

b) Festlegung von Fehlergrenzen für die Aufbereitung durch Nennung der zulässigen Anteile an Über- und Unterkorn und Überwachung dieser Vorschriften mit denkbar größter Strenge.

c) Einbeziehung des Feinstkornes in die Vorschriften über Aufbereitung.

Die Bedeutung dieser Forderungen liegt in der nunmehr erreichbaren völligen Gleichmäßigkeit und Sicherheit des Baustoffes Beton. Höher noch aber schätzen wir die Tatsache, daß diese Qualität bei gleichzeitiger Herabsetzung der Wasser- und Zementbeigabe erreicht wird.

Bemessung der Bindemittel

Zunächst müssen wir uns mehr mit der in Amerika seit langem gebräuchlichen Kennzeichnung des Bindemittelgehaltes durch den W/B-Wert vertraut machen, denn sie schützt uns vor Fehlern, die solange unvermeidbar sind, als wir davon ausgehen, daß die Qualität des Betons durch Dosierung und Konsistenz allein gekennzeichnet wird. Es ist bei uns heute dem Unternehmer sehr wohl möglich, seine im Leistungsverzeichnis übernommenen Verpflichtungen vollständig zu erfüllen und dennoch Schwankungen in die Betonqualität zu bringen, die nicht hingenommen werden dürfen, dabei aber durchaus vermeidbar wären. Man denke nur an die Möglichkeit einer vorübergehenden Erhöhung des Gehaltes an Feinststoffen im Feinsand; sie hat unfehlbar eine Erhöhung der Wasserbeigabe und damit auch bei Einhaltung der vorgeschriebenen Dosierung und Konsistenz eine Verschlechterung des W/B-Wertes und der Festigkeit zur Folge.

Es soll zugegeben werden, daß die ständige Überwachung des Faktors an Baustellen besondere Sorgfalt und einen oft unerwünschten Mehraufwand erfordert. Die sich daraus ergebenden zusätzlichen Leistungen erscheinen aber voll und ganz gerechtfertigt, denn sie werden immer nur die Qualität der Bauwerke und den Erfolg der Baustellen erhöhen. Erst dann, wenn einmal Aufbereitung und Zumischung auch bei uns mit der größten erreichbaren Genauigkeit arbeiten, können wir es uns leisten, die Bindemittel ohne Fehler zur gleichen Zeit sowohl nach der Dosierung als auch durch Festlegung des Faktors vorzuschreiben.

Zum Vergleich seien im folgenden die geringsten Werte von Dosierungen genannt, die nach Angabe des Bureau of Reclamation in dessen Arbeitsbereich zur Anwendung kommen. Es sind dies:

Kern der Hungry Horse Sperre . . 162 kg Bindemittel/m³ Beton.

Dieser Wert wurde mit Rücksicht auf die sehr große Kubatur und die hohe Qualität des vorhandenen ungebrochenen Flußsandes zugestanden. Einen noch geringeren Wert setzte das Bureau of Reclamation lediglich für die Baustelle Canyon Ferry fest, bei der in bezug auf Material noch bessere Verhältnisse herrschen. Der Flußsand ist dort praktisch vollständig rein und jedes einzelne Korn erstklassig, eine Qualität, die bis heute leider auf keiner österreichischen Baustelle angetroffen wurde. Mit Rücksicht auf diese außergewöhnlichen Eigenschaften kam man zu der geringsten in Amerika überhaupt angewendeten Dosierung des Kernes mit 141 kg Bindemittel je Kubikmeter Beton.

Es muß besonders darauf hingewiesen werden, daß die Amerikaner die genannten Werte derzeit für das absolute Minimum halten; sie verantworten diesen Wert nur mit Rücksicht auf die gezeigten Voraussetzungen, also insbesondere auf die **vollständig streuungsfreie Siebkurve**.

Für uns ergibt sich daraus eine Warnung an heimische Baustellen, die für neue Bauwerke eine noch geringere Dosierung in Vorschlag bringen und verantworten wollen.

Die Verwendung von Puzzolanstoffen[3]

Die Amerikaner waren bekanntlich lange Zeit zurückhaltender bei Verwendung von Puzzolanstoffen als wir in Europa, wo seit vielen Jahrzehnten vor allem Schlacke, wie Thurament, aber auch natürlichere Stoffe wie Traß Eingang in die Betontechnik gefunden haben.

Augenblicklich stehen sowohl im Bureau of Reclamation als auch im Ingenieurkorps der Armee vergleichende Versuche mit verschiedenen amerikanischen Puzzolanen im Vordergrund von Forschungen und Bauausführungen. Unmittelbaren Anlaß zur sofortigen Verwendung von Flugasche im großen Maßstab gab das Bureau of Reclamation, in dessen Bereich mehrere Bauwerke, insbesondere der Parker- und Tuscaloosa-Damm, schwere Schäden durch die sogenannte „schädliche Alkali-Aggregat-Reaktion" zeigten. Bevor sich noch diese junge Wissenschaft bis zu ihrem heutigen Stand entwickelt hatte, mußten sofort Maßnahmen getroffen werden, um derartigen Schäden vorzubeugen. Da man natürliche Puzzolanstoffe nicht in entsprechender

---

[3] Fritsch, J.: Verwendung von Puzzolanstoffen im Massenbetonbau. Z. d. I. u. A., H. 5/6, 1952.

Qualität und Reinheit zur Verfügung hatte, griff man zu Flugasche. Die beiden großen Baustellen Hungry Horse und Canyon Ferry verarbeiten 30 bis 35 % des Bindemittels als Flugasche, die aus Chikago, das ist aus einer Entfernung von mehr als 1000 km zugefahren wird. Sie kostet verladen am Gestehungsort etwa 1 Dollar je Tonne und 17 Dollar Fracht. Zement kostet demgegenüber frei Baustelle etwa 24 Dollar. Die auf diese Weise erreichte Herabsetzung der Gesamtkosten trug somit zur Verwendung dieses Bindemittels bei. Die spezifische Oberfläche dieser Asche beträgt etwa 3800 cm²/g, das ist etwas mehr als die des verwendeten Zementes.

Die Erfahrungen, die die Amerikaner bei der Verarbeitung ihrer Puzzolane machen, stimmen sehr gut mit denen überein, die man bei uns, aber auch in Frankreich und anderen Ländern gesammelt hat. Der Beton ist vor allem wesentlich besser zu rütteln. Besonders bemerkenswert ist die Tatsache, daß die amerikanische Asche den Wasseranspruch des Gemenges keinesfalls erhöht, sondern im Gegenteil etwas herabsetzt. Dieser Umstand wird vor allem auf die Verbrennung zurückgeführt, die bei besonders hohen Temperaturen so vor sich geht, daß ein großer Teil gesintert und dabei zu kleinen Kugeln geschmolzen wird. Der Beton zeigt keine Neigung zum Bluten oder zum Auseinanderfließen. Einheitlich wird die höhere Wasserundurchlässigkeit hervorgehoben, die ganz allgemein für Puzzolanbetone kennzeichnend ist. Die an den Baustellen Hungry Horse und Canyon Ferry erreichten Festigkeiten kommen nach längerer Zeit ungefähr auf die Werte hin, die mit reinem Portlandzement zu erwarten wären. Die Amerikaner legen auch der Frage der Erwärmung des jungen Betons eine größere Bedeutung bei als wir. Die reichliche Verwendung von Puzzolanstoffen gilt als einer der wesentlichen Faktoren zur Herabsetzung der durch das Abklingen der Hydratationswärme entstehenden Gefahr von zusätzlichen Spannungen und Rißbildungen. Irgendwelche ungünstige Auswirkungen, insbesondere in bezug auf Wetterbeständigkeit, wurden an den amerikanischen Forschungsstellen nicht festgestellt.

Ein Vergleich der amerikanischen mit unseren Verhältnissen ergibt folgendes:

1. Es wäre wünschenswert, wenn auch bei uns grundsätzliche Versuche darüber gemacht würden, ob die erwähnte sogenannte „schädliche Alkali-

reaktion" überhaupt in den Bereich der Erwägungen und Forschungen für unsere Baustellen gezogen werden soll.

2. Es muß der Umstand zu denken geben, daß die Amerikaner, die keineswegs wertvolle natürliche Vorkommen zur Verfügung haben, dennoch Puzzolanstoffe in weit höherem Maße verwenden als wir in Österreich. Es wäre zu prüfen, ob wir es uns leisten dürfen, weiterhin große Bauwerke ohne Mitverwendung unserer heimischen Puzzolane zu errichten.

Die Konsistenz des Betons

Die Bedeutung der Verarbeitbarkeit des Betons ist größer als sie auf den ersten Blick erscheinen mag. In dieser Frage stehen wir mit unserer Auffassung und Handhabung in Widerspruch mit dem fast in der ganzen übrigen Welt erreichten Stand der Technik. Wir sind, ebenso wie die Schweizer Ingenieure, bei Einführung der Rüttelbetontechnik von dem an sich richtigen Bestreben ausgegangen, den absoluten Wassergehalt der zum Einbau kommenden Mischung soweit herunterzusetzen, als dies der Verdichtungsvorgang auf der Baustelle nur irgendwie erlaubt. Eine verhältnismäßig große Anzahl Innenrüttler, die in kurzem Abstand in den Beton eingeführt werden, kennzeichnen den Arbeitsvorgang. Die ideale Konsistenz gilt bei uns dann als erreicht, wenn sich nach dem Wiederherausziehen eines Tauchrüttlers seine Öffnung im Beton gerade noch von selbst schließt. Wenn diese Richtlinien streng eingehalten und vor allem darauf gesehen wird, daß jede Stelle des eingebrachten Betons auch wirklich durchgerüttelt wurde, kann man gewiß auf diesem Weg das letzte an Bindekraft herausholen, was der Zement zu geben vermag.

Es ist aber bekannt, daß man nicht nur in Amerika, sondern auch im europäischen Ausland, vor allem in Frankreich, nicht unseren Überlegungen folgt, sondern stets etwas weichere Mischungen zur Verarbeitung bringt. Dies muß uns zu denken geben. Die amerikanischen Bauausführungen müssen uns anregen, unseren Standpunkt an jeder einzelnen Baustelle gründlich zu überprüfen, da wir an den folgenden Vorteilen nicht vorbeigehen dürfen, die heute im Ausland mit einer um weniges weicheren Mischung erreicht werden. Es sind dies:

Absolute Gewähr dafür, daß die Rüttelwirkung unbedingt jeden Punkt des Betonkörpers erreicht, daher gleichmäßiger Verdichtungsgrad an jeder Stelle des ganzen Betonkörpers und vollständige Ausschaltung der Gefahr von ungenügend verdichteten Stellen. Schließlich wesentliche Verbilligung des Arbeitsvorganges; keine zusätzlichen Mannschaften für Zerteilung und Fortbewegung des aus dem Kübel entleerten Betons.

Ein kritischer Vergleich unserer und der amerikanischen Arbeitsmethode ergibt etwa folgendes Bild:

Der Amerikaner vertritt den Standpunkt, der Beton müsse so weich sein, daß das geschilderte Einfließen der Massen in ihre endgültige Lage unter der Einwirkung der sehr schweren Rüttler gerade noch möglich ist. Er verlangt aber, und das ist wesentlich, daß diese Fließfähigkeit nur während der Vibration und nur in deren Bereich besteht, eine Forderung, die dem Augenschein nach sehr genau erfüllt wird. Durch das Fehlen schlecht verdichteter Stellen wird zweifellos der schädliche Luftgehalt der ganzen Betonmasse, also das beim Verdichten zurückgebliebene Porenvolumen, auf das absolut erreichbare Mindestmaß gebracht. Eine weitere Herabsetzung des Wassergehaltes jedoch lehnen die Amerikaner unbedingt ab, da sie dann an der

Einbaustelle ein völlig anderes Bild und einen Aufwand für die Rüttelung zu erwarten hätten, der ihnen nicht nur unrentabel erscheint, sondern vor allem die Gefahr neuer Unsicherheiten an die Baustelle bringen würde.

Damit kommen wir zu den Nachteilen, die unsere Arbeitsweise in den Augen des Auslandes besitzt. Der Amerikaner kann sich nicht vorstellen, daß man beim Einbau unseres etwas trokkeneren Betons selbst durch Einsatz einer großen Anzahl Tauchrüttler mit Sicherheit aus jedem Punkt der Masse alle praktisch entfernbare Luft herausrütteln und das gleiche Minimum eines Porenvolumens erreichen kann wie in Amerika. Er nimmt an, daß dies bei uns nicht an allen Stellen und nicht immer der Fall sein wird und vertritt den Standpunkt, daß der etwas größere Wassergehalt des amerikanischen Betons das kleinere Übel gegenüber der bei uns bestehenden Gefahr unvollkommener oder unregelmäßiger Verdichtung darstellt.

Dieser Vergleich kann nicht ernst genug genommen werden. Wir müssen uns immer wieder vor Augen halten, daß die größte Gefahr für die Qualität des Betons nicht etwa darin besteht, daß man nicht immer in der Lage wäre, Betonproben, u. zw. auch solche, die aus der Betonfabrik entnommen sind, einwandfrei zu verdichten und dann eine entsprechende Festigkeit nachzuweisen. Wir sehen sie vielmehr an der Einbaustelle, an der bei uns — mehr als in Amerika — insbesondere die Gefahr von Unregelmäßigkeiten im Verdichtungsvorgang besteht. Erinnern wir uns weiters daran, daß nicht Zementgehalt und Festigkeit die Qualität eines Talsperrenbetons kennzeichnen, sondern viel eher die Haltbarkeit, die — und es darf immer wieder darauf hingewiesen werden — nicht mit steigendem Zementgehalt, sondern mit Verringerung des schädlichen Porenvolumens ihren Bestwert erreicht, so bleibt die Frage offen, welche Auffassung in bezug auf die Konsistenz den tatsächlichen Verhältnissen am besten Rechnung trägt.

Betonaußenflächen

Berichte, die uns noch vor wenigen Jahren aus Amerika zugegangen sind, hoben moderne Behandlungsmethoden der Betonoberfläche hervor. Man war im amerikanischen Wasserbau ebenso wie bei uns und in den meisten europäischen Ländern schon lange davon abgegangen, Betonoberflächen mit einem Verputz zu versehen. Die neuere Entwicklung ging vielmehr vor wenigen Jahren dahin, dem bereits eingebrachten und verdichteten Beton von der Außenfläche aus wieder einen Teil des Überschußwassers zu entziehen, derjenigen Komponente des Wassers also, die nur beigegeben werden mußte, um den Beton entsprechend verarbeitbar zu machen. Zur Durchführung dieser Methode waren in Amerika vor allem zwei Verfahren entwickelt worden: die sogenannten „Saugschalungen" bestanden im wesentlichen aus einer Saugleinwand, die im Inneren der Schalung aufgenagelt wurde, also in unmittelbare Berührung mit der Betonoberfläche kam und dieser Wasser entzog. Ihr Preis war gering, ihre Tiefenwirkung beschränkt. Die Abb. 17 zeigt derartige Sauggewebe an den Außenflächen der Schleusenanlage McNary. Dort wurde die Anordnung so getroffen, daß das Gewebe nicht mit der Holzschalung abgenommen wird, sondern am Betonkörper verbleibt und diesem ein sehr gutes Aussehen verleiht.

Wesentlich wirkungsvoller, aber auch kostspieliger war die zweite Methode, das sogenannte

Vakuum-Verfahren. Bei dieser Arbeitsweise bestand die Schalung aus einem System von durchlässigen Stoffen mit einer nach außen zunehmenden Porenweite, an die eine sogenannte Saugmatratze angeschlossen wurde. Der Wirkungsbereich war naturgemäß tiefer. Wie eingehende Untersuchungen des Ingenieurkorps erkennen lassen, wird jedoch bei den so behandelten Oberflächen in den Kapillargängen des Betons ein Vakuum erzeugt, das eine erhöhte Zufuhr von Wasser aus den tieferen Schichten des Betons an die Oberfläche begünstigt. Dieser Vorgang kann nun das Ergebnis des Saugverfahrens ungünstig beeinflussen. Die in den letzten Jahren erzielten Fortschritte bieten eine Gewähr für die Erreichung einer gleichmäßig hohen Betonqualität. Man glaubt, daß die allgemeine übliche Verwendung luftporenerzeugender Zusätze jede weitere Maßnahme zur Verbesserung der Betonoberfläche entbehrlich erscheinen läßt. Tatsächlich haben die Außenflächen der Betonkörper an den vom Verfasser besichtigten neuen Bauwerken ein sehr gutes Aussehen (Abb. 22).

Erzeugung künstlicher Luftporen

Es ist bekannt, daß die Verwendung von Chemikalien, die künstliche Luftporen erzeugen (airentraining-agents) von den Amerikanern als der größte Fortschritt bezeichnet wird, den uns die Betontechnik in den letzten zwei Jahrzehnten brachte. Die Bezeichnung „künstliche Luftporen" kann zu Mißverständnissen Anlaß geben. Luftporen, wie sie auch bei bester Verdichtung zurückbleiben, sind selbst bei regelmäßiger Verteilung immer nur schädlich. Die chemischen Mittel erzeugen zum Unterschied davon kleinste Kugeln, deren Schale aus Zementleim besteht. Die darin

Additional material from *Amerikanischer Talsperrenbau*
978-3-211-80290-8, is available at http://extras.springer.com

enthaltene Luft ist völlig abgeschlossen, so daß das ganze Gebilde in wertvollster Weise die feinsten Korngruppen anreichert, ohne daß die so eingeführte Luft irgendwie den Nachteil von Lufteinschlüssen aufweisen würde, wie sie etwa bei mangelhafter Verdichtung zurückbleiben. Es ist bekannt, daß die Wirkung dieser Luftporen zunächst im Straßenbau durch einen Zufall entdeckt und im Anfang lediglich zur Erhöhung der Frostsicherheit ausgenützt wurde. Im Laufe der Zeit lernte man dann weitere Vorteile kennen, und zwar insbesondere die wesentliche Verbesserung der Verarbeitbarkeit, die eine Herabsetzung des Wassergehaltes ermöglicht.

Die Frage, ob in einem Bauwerk derartige Luftporenmittel überhaupt zu verwenden sind oder nicht, wird heute in Amerika nicht mehr aufgeworfen. Zu entscheiden ist lediglich die Wahl des Mittels und die Art seiner Zugabe. Die zweifellos einfachste Art ist die Verwendung trockener Chemikalien und ihre Zumahlung in der Zementfabrik. Wenn man heute allgemein von dieser Art der Zugabe abgegangen ist, so nur deshalb, weil die Baustellen die Möglichkeit haben wollen, die Dosierung dieser Chemikalien den Verhältnissen ihrer Baustelle laufend anzupassen und ständig zu kontrollieren. Man verwendet daher lieber flüssige Mittel und montiert an der Baustelle hiefür Dosierungsgeräte.

Luftporenmittel, die den amerikanischen an Qualität in keiner Weise nachstehen, werden seit Jahren auch in Österreich erzeugt. Ihre Einführung auf unseren großen Talsperrenbaustellen erfolgte jedoch nur sehr zögernd. So einfach und verläßlich die Zugabe eines flüssigen Luftporenmittels zum Anmachwasser und die Erzeugung der Luftporen selbst vor sich geht, so schwierig gestalten sich die Vorausbestimmung und die Messung des

Gehaltes an eingeführter Luft. Einerseits ist dabei zu beachten, daß die Menge der in jeder einzelnen Betonmischung erzeugten Luft nicht allein von der Dosierung mit den erwähnten Chemikalien abhängt; sie wird vielmehr unter sonst gleichen Verhältnissen vom Gehalt an Zement, Wasser und vor allem an Feinstkorn sowie vom Arbeitsvorgang selbst wesentlich beeinflußt. Aus diesem Grunde gelten die Ergebnisse von Laboratoriumsmessungen nicht ohne weiteres für das Bauwerk selbst, zumal es meist erforderlich ist, bei der Messung ein geringeres Größtkorn und eine Konsistenz anzuwenden, die eine bessere Verdichtbarkeit erwarten läßt. Die Messung selbst stößt auf weitere Schwierigkeiten. Gewiß werden durch die aus Amerika zu uns gekommenen Druckmeßgeräte die Ungenauigkeiten ausgeschaltet, die bei reiner, gewichtsmäßiger Bestimmung des Luftgehaltes durch die hiebei erforderliche Ermittlung des spezifischen Gewichtes aller Baustoffe in die Messung kommen. Es dürfen aber auch die Ergebnisse von Messungen mit dem amerikanischen Druckgerät nicht ohne weiteres auf den Baustellenbeton bezogen werden, da jeder Meßvorgang immer nur die Summe der beim Verdichten zurückgebliebenen Luft einerseits und der künstlich eingeführten Luftporen anderseits anzeigt. Praktisch ist es nun fast unmöglich, den erstgenannten, also betontechnisch schädlichen Luftanteil getrennt zu bestimmen. Es wird sich vielmehr bei jeder Messung die Grenze der schädlichen gegenüber der künstlich erzeugten Luft verwischen. Die Tragweite dieser Ungenauigkeit wird klar, wenn wir bedenken, daß die Wirkung der beiden Komponenten auf die Betonqualität eine völlig entgegengesetzte ist.

Die gigantisch anwachsende Literatur, die in den letzten Jahren über diese Fragen veröffentlicht wurde und immer noch reichlich anwächst, sowie die Ergebnisse der Versuche und Forschungsarbeiten, die heute noch sowohl bei uns als auch in anderen Ländern durchgeführt werden, um dem Problem der Messung und Vorausbestimmung des Luftgehaltes näher zu kommen, bezeugen die Tatsache, daß wir es hier mit einem Problem zu tun haben, für das sich noch keine einfache und eindeutige Lösung abzeichnet.

Horizontale Arbeitsfugen

Die Ausführung von Arbeitsfugen in Massenbetonbauwerken bildete noch vor wenigen Jahren eine der häufigsten und ernstesten Fehlerquellen im Talsperrenbau.

Früher forderte man lediglich eine **rauhe** Oberfläche. Sie wurde beispielsweise dadurch erzielt, daß der schon etwas erhärtete Beton mit Krampen oder Druckluftgeräten mechanisch aufgerauht, mitunter sogar an der Oberfläche des Betons eine dünne Schicht völlig abgeschlagen wurde. Derartige Werkzeuge lieferten in gewissen Abständen wahllos Aufschlagpunkte, die nach Säuberung den geforderten rauhen Charakter ergaben. Bei wesentlich jüngerem Beton wurden derartige Wirkungen in ähnlicher Weise auch durch Anwendung eines vollen, kräftigen Wasserstrahles erreicht.

Diese Arbeitsmethoden führten immer wieder zu Mißerfolgen. Es sei hier auf die wiederholte Veröffentlichung von Bildern über das Austreten von Wasser an Arbeitsfugen verwiesen, die in der beschriebenen Art ausgeführt worden waren[4].

Vielfach trachtete man, einzelne Bauteile, wie beispielsweise Blöcke von Schleusenmauern, durch ununterbrochenen Tag- und Nachtbetrieb in einem Zug hoch zu betonieren, um jede Arbeitsfuge zu vermeiden. Heute lehnt man derartige Arbeits-

---

[4] Fritsch, J.: Der heutige Stand der Massenbetontechnik. Wien: Springer-Verlag. 1950, S. 27.
Fritsch, J.: Frankreichs Wasserkraftbaustellen. Österreichische Bauzeitung 1949/15 (Titelbild).

weisen mit Rücksicht auf die sich hiebei ergebende, wesentlich höhere Hydratationswärme ab und schreibt eine Unterbrechung der Arbeiten nach Erreichung einer bestimmten, meist sehr geringen Schichthöhe vor, um ein Auskühlen des frischen Betons und damit eine Verminderung der Gefahr der Rißbildung zu erreichen.

Nach Kriegsende wurde, von Amerika ausgehend, das Arbeiten mit einem **Wasserluftgemenge** oder noch besser mit einem Strahl von Wasser, Luft und Sand verbreitet. Dieser Methode liegt ein völlig anderer, neuer Gedankengang zugrunde: bekanntlich setzt sich vor dem Abbinden des Betons an dem zwischen den einzelnen Steinen befindlichen Mörtel eine Zementschlempe ab, die vor allem an ihrer Oberfläche einen oft sehr geringen Zementgehalt und daher wesentlich schlechtere Eigenschaften aufweist, als die Masse des erhärteten Betons bzw. Mörtels. Es ist klar, daß an den Arbeitsfugen, die betontechnisch die empfindlichsten Stellen des ganzen Bauwerkes darstellen, nicht das Gefüge der Zuschlagstoffe, sondern gerade die abgebundene Schlempe das Übel darstellt, das für alle Mißerfolge verantwortlich zu machen ist. Aus diesem Grund mußten alle Verfahren versagen, die einfach auf die **ganze Fläche des Betons** einwirken. Man hat daher vor allem in Amerika schon vor vielen Jahren nach Mitteln gesucht, um nur diese schädliche schlempenartige Oberfläche des Mörtels — und nichts anderes — zu entfernen, ohne das Gefüge des umgebenden jungen Betons auch nur im geringsten anzugreifen.

Das ganze Problem ist seit dem Zeitpunkt praktisch und befriedigend gelöst, an dem man daran ging, nicht die eingangs erwähnten großen Kräfte geschlossen einwirken zu lassen, sondern die Wucht der angreifenden Kraft **zu zerteilen**.

Man löst die Wassermassen so auf, daß nur mehr einzelne Tropfen oder bei Verwendung eines Sandstrahles nur einzelne, nicht zusammenhängende allerkleinste Steinchen mit großer Geschwindigkeit auf die noch sehr junge Betonoberfläche geschleudert werden, so daß es lediglich zu einer Zerreißung und Entfernung der erwähnten minderwertigen Schlempe kommt. Unbedingt vermieden aber wird ein mechanischer Angriff auf die gesamte, noch junge Betonoberfläche, der eine Lockerung des ganzen Gefüges und unter Umständen sogar ein Herausreißen von Steinchen oder wertvollen Teilchen des Betons zur Folge haben könnte. So groß also die Wirkung der zerteilten Kraft auf die schädlichen Teile, also auf die Haut der Schlempe ist, so wenig wirkt sie auf das Gefüge selbst und auf die Oberfläche des Bauwerkes. Gleichzeitig schafft aber die Zerreißung und Entfernung der Schlempe durch einen zerteilten Kraftangriff eine überaus rauhe Oberfläche, in der die später aufgebrachten frischen Betonmassen eine ideale Verankerung finden.

Die Vorteile der Zerteilung des Kraftangriffes und seiner Auflösung in allerfeinste Angriffsstellen, die wie Nadelstiche wirken, stehen heute in der ganzen Welt und insbesondere auch in Amerika außer Diskussion. Sowohl das Ingenieurkorps der Armee als auch das Bureau of Reclamation haben schließlich diese Arbeitsweise in den Vorschriften verankert, die als Grundlage für alle Leistungsverzeichnisse eingeführt sind, nachdem Versuche einzelner Baustellen, in besonderen Fällen auf die alte Arbeitsweise zurückzugreifen, also insbesondere mit reinem Wasserstrahl vorzugehen, immer wieder zu Mißerfolgen und zu einer Anwendung der beschriebenen Zerteilung des Kraftangriffes mit und ohne Sandbeigabe geführt haben.

Hydratationswärme

Zu den Punkten, die wir an unseren Baustellen bis heute viel weniger beachten als die Amerikaner, gehört die Frage der Herabminderung der Hydratationswärme.

Es werden heute vor allem in der warmen Jahreszeit in Amerika folgende Maßnahmen angewandt:

a) Ableitung der Wärme durch eingebaute Kühlrohre.

b) Unterkühlung der Zuschlagstoffe sowie Zugabe des Anmachwassers in Form von zerkleinertem Eis.

c) Sehr große Flächen für den Einbau des Betons, geringe Schichthöhen und mehrtägige Arbeitspausen zur Abkühlung der letzten Betonschichte.

d) Verwendung von etwas langsamer arbeitenden Bindemitteln und insbesondere von Puzzolanstoffen.

e) Herabsetzung des Bindemittelgehaltes.

Die ersten beiden Maßnahmen, d. i. die Ableitung der Hydratationswärme durch Kühlrohre ebenso wie die Unterkühlung der Baustoffe, sind als radikale Mittel zu bezeichnen, von denen an amerikanischen Großbaustellen jeweils mindestens eines zur Anwendung gelangt.

In Österreich mußten wir in den Nachkriegsjahren leider den Standpunkt vertreten, daß die beiden radikalen Mittel auf unseren Großbaustellen mit Rücksicht auf die hohen Kosten dieser Maßnahmen nicht ausgeführt werden können. Ein kritischer Vergleich dieser beiden Methoden scheint nicht wichtig. Zweifellos führen beide Maßnahmen in irgendwelchen Grenzen zum Ziel. Wichtiger wäre eine eingehende Prüfung der Frage, ob wir auch heute noch den eingangs erwähnten Standpunkt vertreten und es uns leisten dürfen, keine der beiden sogenannten radikalen Methoden anzuwenden und alle diesbezüglichen Bedenken völlig außer acht zu lassen.

Wetterbeständigkeit

Die Amerikaner überprüfen vor Festlegung der Betonzusammensetzung für jede neu anlaufende Baustelle die Frage, welche Betoneigenschaften an erster Stelle stehen. Dies führt meist zu einer Gegenüberstellung von Festigkeit einerseits und Wetterbeständigkeit, insbesondere Frostsicherheit, anderseits. Es muß darauf hingewiesen werden, daß beide Eigenschaften mit verschiedenen technischen Mitteln erreicht werden. Das Optimum kann praktisch kaum auf eine einzige Mischung vereinigt werden.

Während eine Erhöhung der Festigkeit mit einer Erhöhung des Zementgehaltes einhergeht, führt der Weg zur Darstellung eines Betonkörpers mit der größten praktisch erreichbaren Wetterbeständigkeit über **Höchstleistungen in bezug auf Kornzusammensetzung zu einem Minimum an Überschußwasser**. Darunter wollen wir diejenige Komponente des Wassers verstehen, die am chemischen Abbindeprozeß nicht teilnimmt, sondern nur aufgewandt werden muß, um dem Gemenge die erforderliche Verarbeitbarkeit zu geben.

Auf unseren österreichischen Prüfstellen nehmen wir die Feststellung auf Frostbeständigkeit bekanntlich in der Weise vor, daß wir die Prüfkörper im Alter von zwei Monaten einem unregelmäßigen Zyklus aussetzen, in dem der Beton abwechselnd in temperiertem Wasser gelagert und dann einem stark unterkühlten Luftstrom ausgesetzt wird. Dieser Prüfvorgang, den wir vor Jahren von der EMPA, Zürich, übernommen haben, befriedigt heute nicht mehr. Er stellt eigentlich einen Wettlauf zwischen der mit den Monaten ständig zunehmenden Erhärtung des Betons einerseits und der mit ihrer Anzahl gleichfalls anwachsenden Wirkung der Frostwechsel anderseits dar. Daraus ergibt sich eine außerordentlich große Abhängigkeit der Ergebnisse vom Prüfalter, weiters aber die Forderung nach einer Prüfung der Frostbeständigkeit in dem am Bauwerk zur Zeit des Frostangriffes tatsächlich in Frage kommenden Alter des Betons.

Die Amerikaner nehmen Prüfungen der Frostbeständigkeit an Betonkörpern vor, deren Beständigkeit durch Anwendung künstlicher Luftporen in gleicher Weise vergrößert wurde wie im Bauwerk selbst. Um dennoch das unterschiedliche Verhalten verschiedener Betonmischungen unter der Einwirkung des Frostes zu kennen, beginnt das Ingenieurkorps die Prüfungen bereits im Alter von neun Tagen.

Zusammenfassend müssen wir feststellen, daß eine befriedigende Lösung des Problems der **Prüfung auf Frostbeständigkeit** bis heute nicht zu bestehen scheint. Wir müssen auch in unseren Arbeiten die Verbesserung der Betoneigenschaften mit dem Alter richtig bewerten, den erwähnten Wettlauf zwischen Hydratation und Frosteinfluß grundlegend studieren, und werden dann zweifellos früher oder später auf neue, geänderte Prüfbestimmungen kommen.

III. Nachwort

Wenn der Vergleich unserer Baustellen mit amerikanischen Verhältnissen mit technischen Problemen begonnen wurde, so soll damit keineswegs zum Ausdruck gebracht werden, daß diese an erster Stelle stehen.

An erster Stelle steht der amerikanische Mensch, steht seine Einstellung zur Arbeit, die keinen anderen Maßstab, kein anderes Ziel kennt, als das Streben nach technischen Höchstleistungen. Entscheidend für deren Erfolg, wie überhaupt für die unleugbare Vormachtstellung der amerikanischen Betontechnik ist der Umstand, daß die amerikanischen Organisationen rein sachlich aufgebaut sind, ohne irgend welche Hemmungen durch politische oder andere Erschwerungen zu erfahren, die jeder technischen Höchstleistung immer nur entgegenstehen. Demgegenüber treten die für unsere Begriffe gewaltige Macht der amerikanischen Forschung, der Reichtum, die übergroße Zahl an Baustellen und Betonmassen, kurz alles das, was wir so gerne als die unbegrenzten Möglichkeiten bezeichnen, an Bedeutung zurück, so wichtig diese Faktoren für die Entwicklung jeder Neuerung sind.

Dem entspricht auch die Einstellung der amerikanischen Ingenieure zur Forschung, zur Zusammenarbeit, in unserem Falle: zur Entwicklung der Betontechnik, an der wir mehr lernen können als an allen technischen Punkten zusammen. Der Amerikaner erwartet von jeder neuen Baustelle einen technischen Fortschritt und er weiß, daß dieser nur dann erreicht werden kann, wenn alle Erfahrungen — an welcher Baustelle immer sie gemacht werden — an **einer einzigen Stelle** zusammenlaufen, um dort als Grundlage für jede weitere Forschung ebenso wie für die Entwicklung der Betontechnik neuer Baustellen verwendet zu werden, eine Organisation, die wir als Fundament der amerikanischen Vormachtstellung anerkennen und bewundern müssen.

So unerreichbar für uns die Fülle der in Amerika für Entwicklungsarbeiten zur Verfügung stehenden Mittel ist, so notwendig wäre es für uns, eine ähnliche Organisation aufzubauen.

Derzeit freilich liegen die Verhältnisse bei uns in Österreich wesentlich anders. Wenn bei uns eine neue Großbaustelle anlaufen soll, so will sich vor Beginn der Arbeiten jede Sondergesellschaft, jede Landesgesellschaft, jede Baustelle allein in ihre Betontechnik einarbeiten, will ihre Unterlagen und Verhältnisse selbst studieren, um dann während der Bauzeit anzufangen, ihre Erfahrungen neu zu sammeln. Sind dann ihre Baustellen oder ihre Bauten errichtet, dann enden alle diese Erfahrungen bei den Fachkräften, die sie gesammelt haben, und liegen in deren Akten; und irgendwo fängt dann eine andere Gesellschaft eine neue Baustelle in gleicher Weise von vorne an.

Wenn wir dennoch heute mit Stolz darauf hinweisen können, daß sich insbesondere die Talsperrenbauten, die wir nach dem zweiten Weltkrieg in Österreich errichtet haben, vor der ganzen Welt sehen lassen können, wenn wir vor allem feststellen, daß uns die Technik dieser Bauwerke mit Recht Minderwertigkeitsgefühle vor jedem Fachmann der Welt verbietet, so darf uns die Genugtuung darüber nicht über den folgenden Sachverhalt hinwegtäuschen: das Ansehen unserer Betontechnik vor der Fachwelt ebenso wie die weitere Entwicklung unserer Massenbetonbauten verlangen, daß auch wir eine Stelle besitzen, an der nicht nur die wichtigsten Ergebnisse der im reicheren Ausland angestellten Forschungen studiert werden, sondern vor allem zwangsläufig alle Erfahrungen zusammenlaufen, die an heimischen Baustellen gemacht wurden, um dort frei von Hemmungen jeder Art als Grundlage und Ausgang für Forschungsarbeiten ebenso wie für die Weiterentwicklung der Betontechnik in Österreich verwendet und damit ausnahmslos allen Gesellschaften und Erbauern von Massenbetonwerken zur Verfügung gestellt zu werden.

Betrifft diese erste Forderung nur unsere Organisation, so ist die zweite unmittelbar an jeden Bauingenieur gerichtet. Sie lautet: mehr Verständnis für die Schwierigkeit moderner Betontechnik ebenso wie für die Notwendigkeit weiterer Forschung.

Wenn von amerikanischen Arbeitsmethoden oder Erfindungen die Rede ist, hört man bei uns immer wieder den Hinweis auf Neuerungen, die zu uns aus Amerika gekommen sind und die sich im Laufe der Zeit nicht bewährt hätten, oder, richtiger gesagt, die eben durch die Weiterentwicklung der Technik nach Jahren überholt wurden, wie dies beispielsweise bei Gußbeton der

Fall war. Dieser Hinweis wird nur allzu gerne für eine vollständige Ablehnung aller vom Ausland gekommenen Arbeitsmethoden verwendet.

Jede Neuerung, von der wir irgendwie Kenntnis erhalten, legt uns eine Verantwortung und eine Verpflichtung auf. Zweifellos würde die sofortige restlose Ablehnung eine außerordentlich einfache Lösung dieses Problems darstellen. Wir dürfen uns aber unsere Arbeit nicht so einfach machen, wir müssen vielmehr zunächst danach trachten, die Lösungen gerade der schwierigsten Fragen unter den besonderen Verhältnissen zu erleben und zu studieren, in denen sie entwickelt wurden. Dann erst sollen wir uns über jeden einzelnen Punkt eine eigene, möglichst kritische Meinung bilden und in unseren heimischen Kreisen erörtern. Und dazu soll diese Veröffentlichung beitragen.

MIX
Papier aus verantwortungsvollen Quellen
Paper from responsible sources
FSC® C105338

If you have any concerns about our products,
you can contact us on
ProductSafety@springernature.com

In case Publisher is established outside the EU,
the EU authorized representative is:
**Springer Nature Customer Service Center GmbH
Europaplatz 3, 69115 Heidelberg, Germany**

Printed by Libri Plureos GmbH
in Hamburg, Germany